몬스터 수학 측정하기

누가 누가 빠를까?

매들린 타일러 글
에이미 리 그림
이계순 옮김

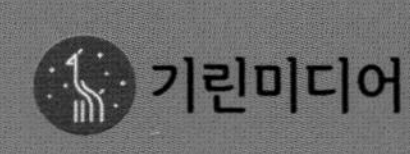

자, 이제 곧 시작이야!
최고를 찾아라!
몬스터 대회

몬스터 대회는
긴 바늘
가는 바늘
짧은 바늘
아홉 시에 시작해.

드디어—

대회를 시작할 시간이야.

이 몬스터는 나무만큼
키가 커!
얘가 제일 큰
몬스터야.

이 몬스터는 훨씬 작아.
얘가 제일 작은
몬스터야.

이 몬스터는 몸통이 넓어.

폭신폭신해서 꼭 안아 주고 싶어.

몬스터라고 다 몸통이 넓은 건 아니야.

얘는 몸통이 좁아.

이 몬스터는 꼬리가 길고 끝이 돌돌 말려 있어.

얘 꼬리가
제일 길어.

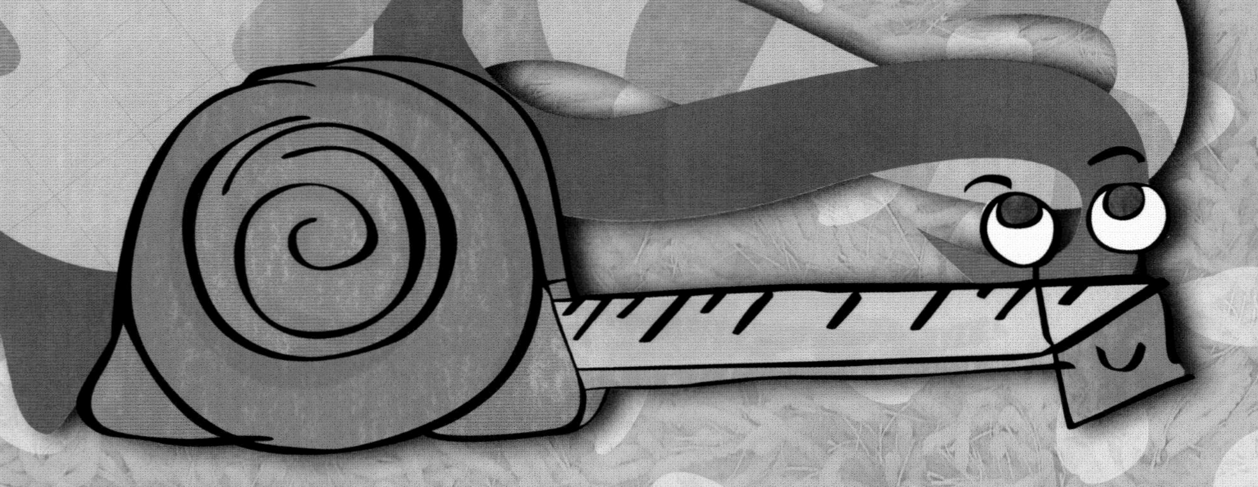

이 몬스터는 다리가 아주 짧아.

얘 다리가 제일 짧지.

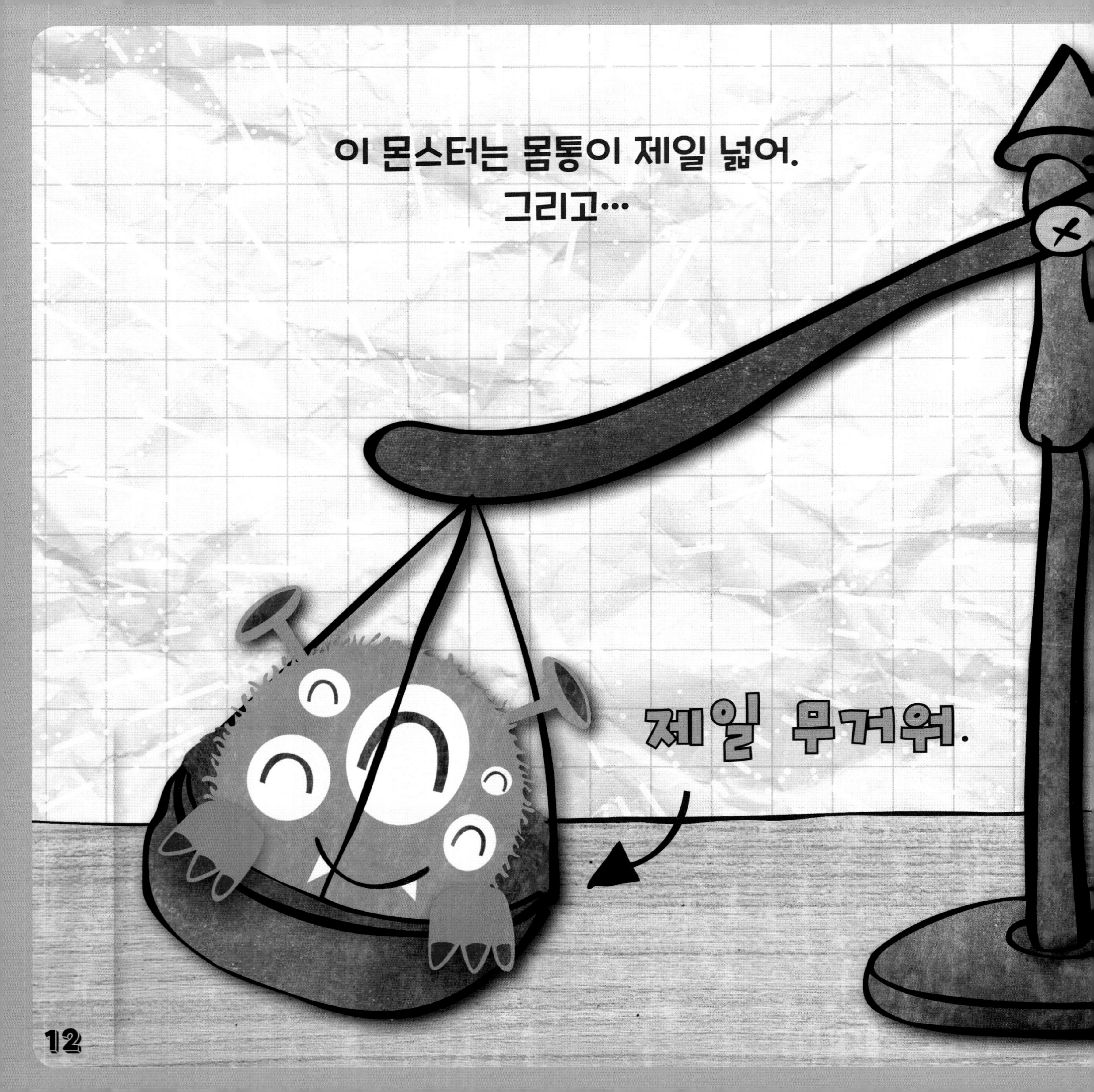

이 몬스터는 몸통이 제일 넓어.
그리고…
제일 무거워.

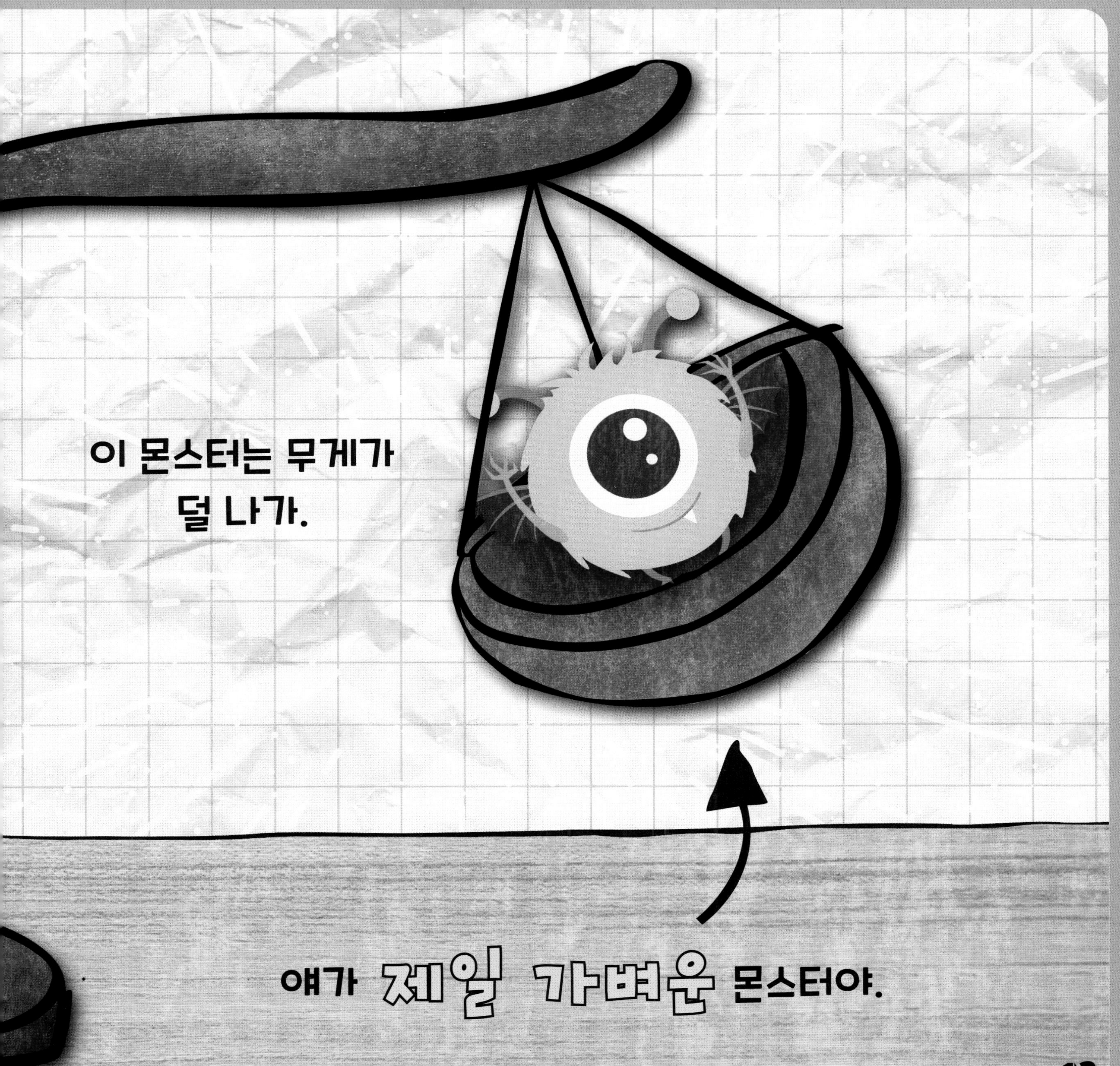
이 몬스터는 무게가
덜 나가.
얘가 제일 가벼운 몬스터야.

우와! 이 몬스터는
몸에 물을 많이 담을 수 있어!

이 몬스터는
훨씬 적게 담지.

얘가 제일 빠른 몬스터야.
쌩쌩 달리는 것 좀 봐!

이 몬스터는
달팽이처럼 느려.
출발
얘가 제일 느린
몬스터야.

우와! 이 몬스터는
아주 멀리 떨어져 있어!

이 몬스터는
아주 가까이 있어.
나무 밑에서
쉬고 있나 봐.

몬스터 대회는 세 시 삼십 분에 끝나.

앗! 대회가 거의 끝났어.

정말 신나는 하루였어!
모두 재미있게 놀았지.

여기 모인 모두가 다 최고야!

누구 팔이 더 길까?

누구 눈이 더 클까?

MONSTER MATHS

영어판

MEASURING

WRITTEN BY

MADELINE TYLER

ILLUSTRATED BY

AMY LI

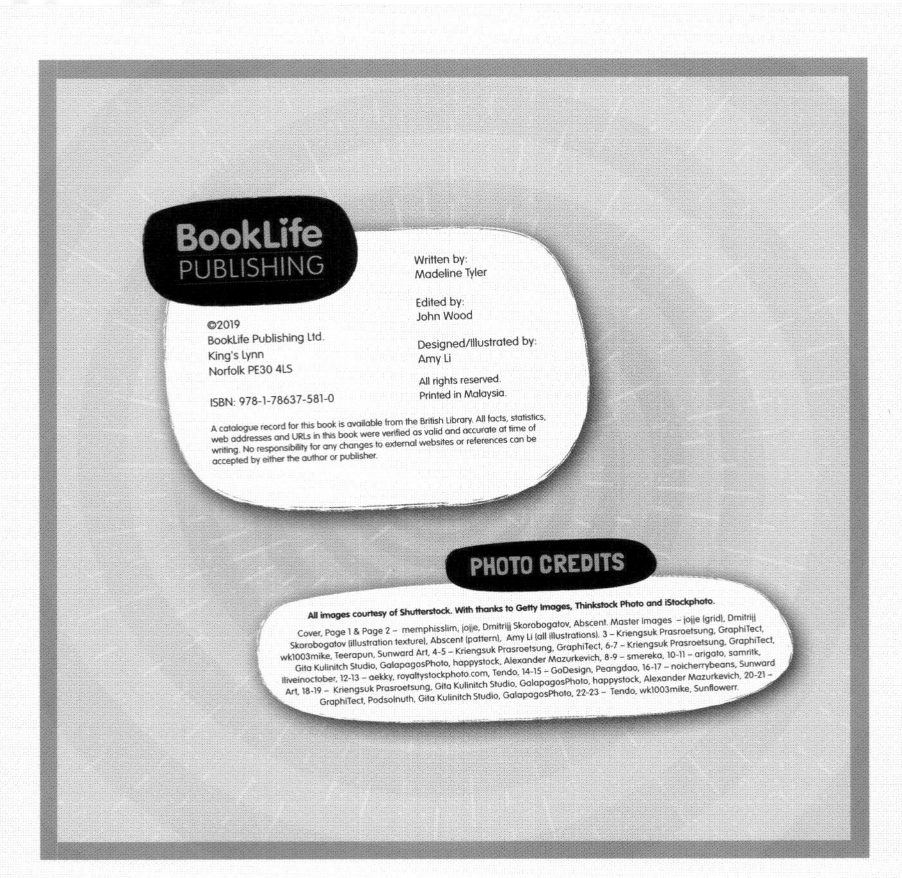
BookLife PUBLISHING

©2019
BookLife Publishing Ltd.
King's Lynn
Norfolk PE30 4LS

ISBN: 978-1-78637-581-0

Written by:
Madeline Tyler

Edited by:
John Wood

Designed/Illustrated by:
Amy Li

Printed in Malaysia.

A catalogue record for this book is available from the British Library. All facts, statistics, web addresses and URLs in this book were verified as valid and accurate at time of writing. No responsibility for any changes to external websites or references can be accepted by either the author or publisher.

PHOTO CREDITS

All images courtesy of Shutterstock. With thanks to Getty Images, Thinkstock Photo and iStockphoto.

Cover, Page 1 & Page 2 – memphisslim, jojje, Dmitrijj Skorobogatov, Abscent. Master Images – jojje (grid), Dmitrijj Skorobogatov (illustration texture), Abscent (pattern), Amy Li (all illustrations). 3 – Kriengsuk Prasroetsung, GraphiTect, wk1003mike, Teerapun, Sunward Art, 4-5 – Kriengsuk Prasroetsung, GraphiTect, 6-7 – Kriengsuk Prasroetsung, GraphiTect, Gita Kulinitch Studio, GalapagosPhoto, happystock, Alexander Mazurkevich, 8-9 – smereka, 10-11 – arigato, samritk, lliveinoctober, 12-13 – aekky, royaltystockphoto.com, Tendo, 14-15 – GoDesign, Peangdao, 16-17 – noicherrybeans, Sunward Art, 18-19 – Kriengsuk Prasroetsung, Gita Kulinitch Studio, GalapagosPhoto, happystock, Alexander Mazurkevich, 20-21 – GraphiTect, Podsolnuth, Gita Kulinitch Studio, GalapagosPhoto, 22-23 – Tendo, wk1003mike, Sunflowerr.

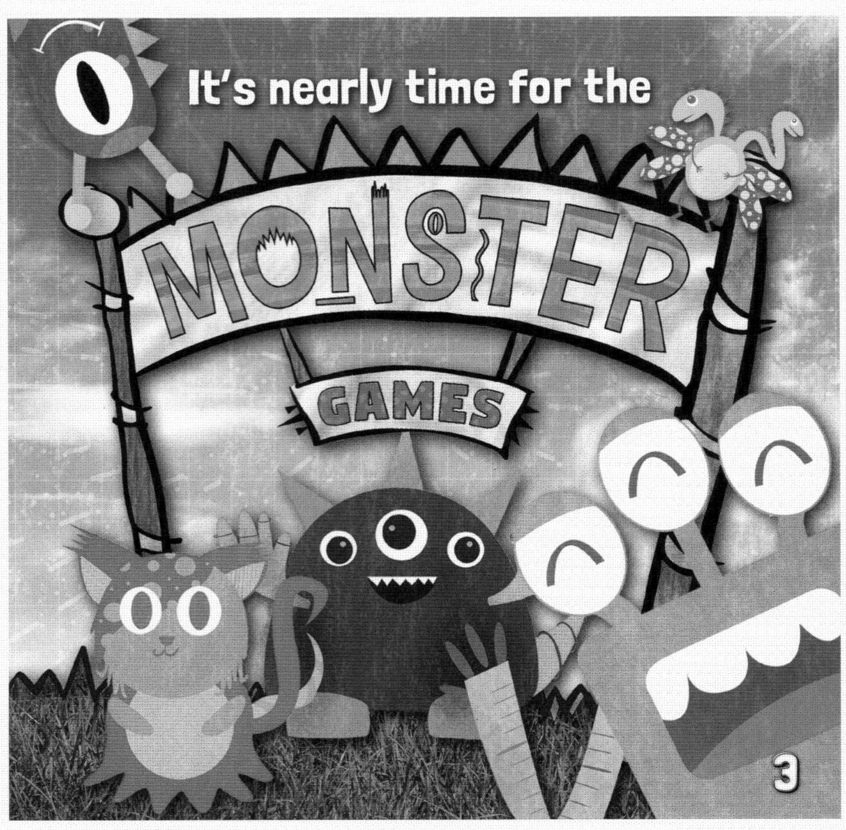

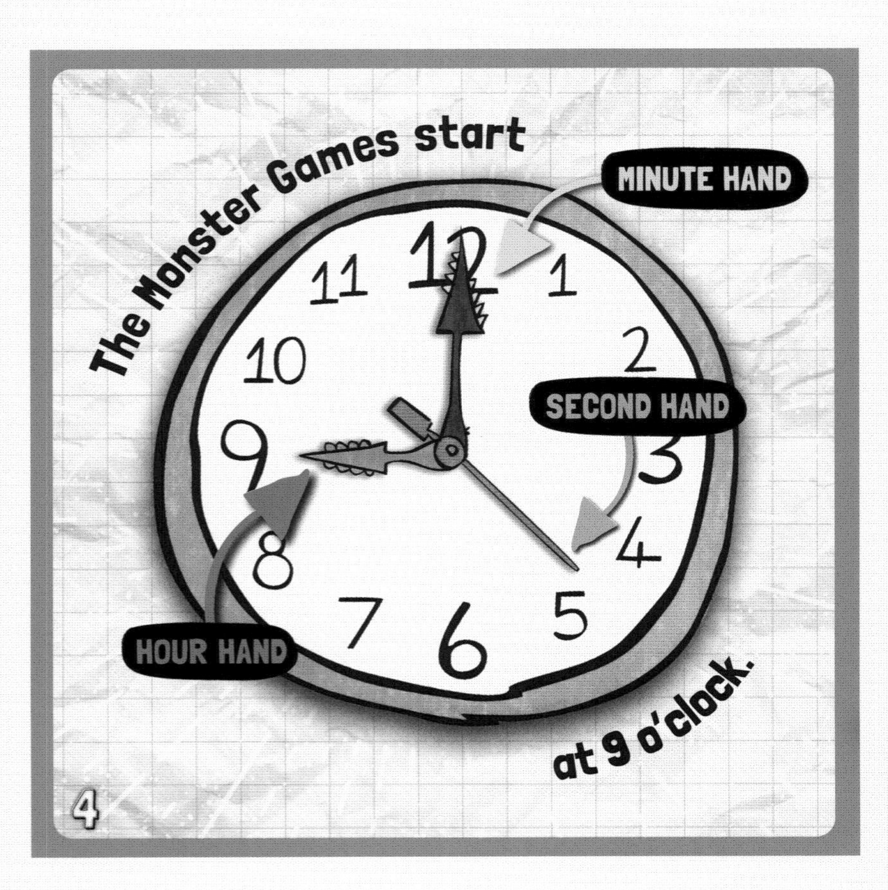

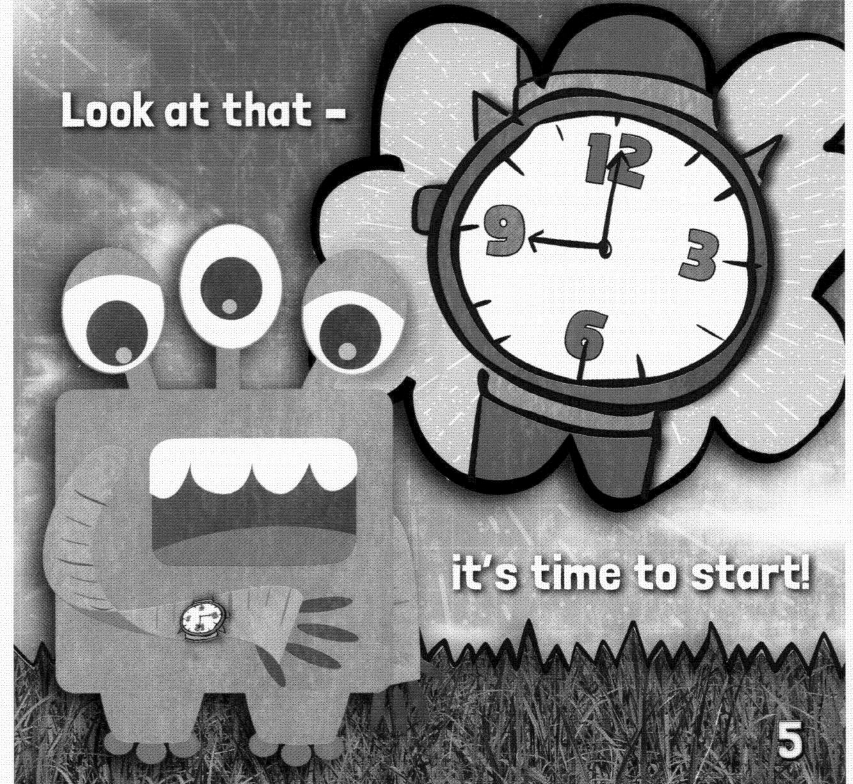

This monster is
as tall as a tree!
She is
the TALLEST
of them all.
6

This monster
is much shorter.
He is the SHORTEST.
7

This monster is very WIDE.
He looks soft and cuddly.
8

Not all monsters are wide.
This monster is NARROW.
9

This monster has a long, curly tail.
She has the LONGEST tail.
10

This monster has very short legs.
He has the SHORTEST legs.
11

This monster is the widest,
and he is also...
... the HEAVIEST monster !
12

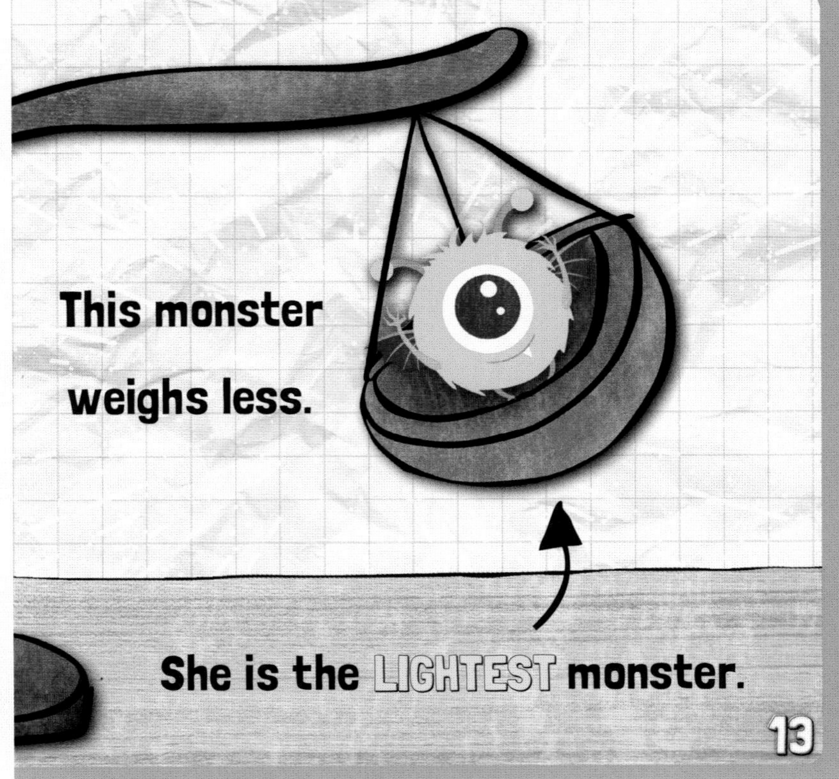
This monster weighs less.
She is the LIGHTEST monster.
13

WOW - this monster can
hold A LOT of water!
14

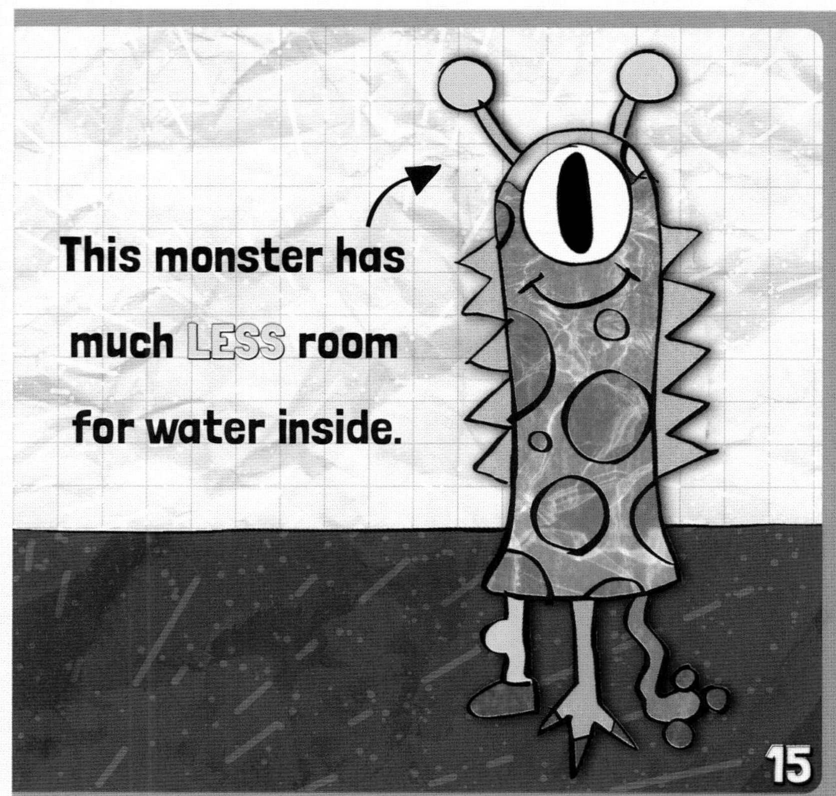
This monster has
much LESS room
for water inside.
15

This is the FASTEST monster.
Look at him go!
16

This monster is as
slow as a snail.
START
She is the
SLOWEST monster!
17

Wow - look how FAR away
this monster is!
18

This monster
is very NEAR.
I think she's
having a rest.
19

The Monster Games finish at half past three.
SECOND HAND
HOUR HAND
MINUTE HAND
20

Look - the day is
almost over.
21

What a great day!
Everyone had lots of fun.
22

Look at all those winners!
23

Which monster's arms are LONGER?
Which monster's eyes are BIGGER?
24

몬스터 수학 측정하기

누가 누가 빠를까?

초판 1쇄 인쇄 2020년 12월 4일 | **초판 1쇄 발행** 2020년 12월 10일
글쓴이 매들린 타일러 | **그린이** 에이미 리 | **옮긴이** 이계순
펴낸이 김민영 | **책임 편집** 이정은 | **디자인** 박두레
펴낸곳 기린미디어 | **등록** 2016년 4월 26일 제 2016-000009호
주소 경기도 김포시 모담공원로 17
전화 0505-302-2381 | **팩스** 0505-300-2381 | **전자우편** girinmedia@daum.net

ISBN 979-11-91142-02-0 74410
979-11-91142-00-6 (세트)

이 도서의 국립중앙도서관 출판예정시도서목록(CIP)은 서지정보유통지원시스템 홈페이지(http://seoji.nl.go.kr)와
국가자료공동목록시스템(http://www.nl.go.kr/kolisnet)에서 이용하실 수 있습니다. (CIP제어번호 : CIP2020039354)

MONSTER MATH: MEASURING
Written by Madeline Tyler, Edited by John Wood, Designed/Illustrated by Amy Li

*책값은 뒤표지에 표시되어 있습니다.
*파본이나 잘못된 책은 구입하신 곳에서 바꿔드립니다.

사진 출처
Shutterstock, Getty Images, Thinkstock Photo, iStockphoto.
표지, p1-2 : memphisslim, jojje, Dmitrijj Skorobogatov, Abscent. 마스터 이미지 : jojje (격자 무늬), Dmitrijj Skorobogatov(그림 질감), Absceent(패턴), Amy Li(모든 그림). p3 : Kriengsuk Prasroetsung, GraphiTect, wk1003mike, Teerapun, Sunward Art, p4-5 : Kriengsuk Prasroetsung, GraphiTect, p6-7 : Kriengsuk Prasroetsung, GraphiTect, Gita Kulinitch Studio, GalapagosPhoto, happystock, Alexander Mazurkevich, p8-9 : smereka, p10-11 : arigato, samritk, Iliveinoctober, p12-13 : aekky, royaltystockphoto.com, Tendo, p14-15 : GoDesign, Peangdao, p16-17 : noicherrybeans, Sunward Art, p18-19 : Kriengsuk Prasroetsung, Gita Kulinitch Studio, GalapagosPhoto, happystock, Alexander Mazurkevich, p20-21 : GraphiTect, Podsolnuth, Gita Kulinitch Studio, GalapagosPhoto, p22-23 : Tendo, wk1003mike, Sunflowerr

글쓴이 **매들린 타일러**

60여 권의 책을 쓴 재능있는 작가입니다. 대학에서 비교문학을 전공했습니다. 지역 학교에서 어린이들의 독서를 돕는 활동으로 대학 자원 봉사상을 수상하기도 했습니다.

그린이 **에이미 리**

어릴 적부터 자신만의 이야기를 쓰고 그림을 그리는 등, 책과 그림에 대한 열정을 보여왔습니다. 대학에서 그래픽 디자인과 일러스트레이션을 전공했습니다. 80여 권이 넘는 책의 디자인과 일러스트레이션을 작업했습니다.

옮긴이 **이계순**

서울대학교를 졸업했고, 인문사회부터 과학에 이르기까지 폭넓은 분야에 관심을 갖고 공부하는 것을 좋아합니다. 좋은 어린이 · 청소년 책을 우리말로 옮기는 일에 힘쓰고 있습니다. 옮긴 책으로 《그해 여름 너와 나의 비밀》, 《캣보이》, 《1분 1시간 1일 나와 승리 사이》, 《말똥말똥 잠이 안 와》, 《지키지 말아야 할 비밀》, 〈공룡 나라 친구들 시리즈(전11권)〉 등이 있습니다.

세이펜으로 재밌게 배우는 유아 수학

몬스터 수학 시리즈

친절하고 귀여운 몬스터들과 함께 배우는 재미난 수학!
어느새 수학이 신나는 놀이처럼 느껴질 거예요.
책 맨 뒤에는 영어 원서도 수록되어 있어서
수학도 배우고 영어도 익힐 수 있어요.

숫자 세기 **신나는 생일 파티**
측정하기 **누가 누가 빠를까?**
규칙 찾기 **반짝반짝 목걸이 만들기**
도형 찾기 **동글동글 해님은 원이야**
덧셈 **모두 모두 모여라!**
뺄셈 **일곱 마리 강아지**
돈 세기 **이 사탕 얼마예요?**
시계 보기 **지금 몇 시야?**

매들린 타일러 글, 에이미 리 그림, 이계순, 차정민 옮김